Michaël Viardot

Aisy-sur-Armançon

Edilivre

Du même auteur :

- **Moi, chaussure** : 8, 00 €, format : Poche (110x180), nombre de pages : 18, ISBN : 9782332714213 Il y a l'expression « se faire jeter comme une vieille chaussette », ici, ce serait plutôt « faire jeter comme une vieille chaussure » ! Entre rires et pleurs, partez à la découverte des pensées de nos godasses !

- **Les Aventures de Bernardin** : 8, 00 €, format : Poche (110x180), nombre de pages : 14, ISBN : 9782332714930 : Notre super flic s'appelle François Bernardin, son grade est celui de commissaire, il a la cinquantaine et a horreur des menteurs ! Suivez-le au pays des moulins et du fromage, dans un périple tumultueux !

- **Le Bouddha volé :** 8, 00 €, format : Poche (110x180), nombre de pages : 14, ISBN : 978233 714879 : « De fait, une chose est l'acquisition des richesses, une autre la voie de l'extinction : une fois reconnu ce principe, le religieux ne se complaît plus dans la recherche des honneurs, mais se voue au retrait. » Dhammapada, les stances de la loi bouddhique Cet ouvrage vous invite à un voyage au cœur de l'Asie. Que cette nouvelle vous apporte la sérénité…

- **Le Fou de 2h54** : 6,00 €, format : Poche (110x180), nombre de pages : 14, ISBN : 9782332714909 :

  Eté 2002, Paris, 2h54. Un troisième crime en série vient d'être commis. Le mode opératoire est toujours le même : par un coup de téléphone anonyme à 2h54, l'interlocuteur énonce aux policiers la phrase suivante : « Je suis le fou de 2h54 et voici l'indice du jour ».

  A travers cet ouvrage, vivez une aventure complètement folle, à rendre dingue tout être humain !

A mes grands-parents, Bernard Millot et Marie-Joséphine Millot, qui ont vécu la majorité de leur vie dans ce charmant village.

L'enfance étant le moment où l'on est le plus éloigné de la mort, plus on reste lié à elle, plus on peut supporter l'idée de mourir.

– Martin Walser –

La plus belle part de notre vie remonte au plus lointain passé ; sur ce que nous étions destinés à accomplir et n'avons jamais réalisé.

– Eddy du Perron –

Préface

Aisy-sur-Armançon, c'est où cela ? C'était ma question lorsque ma future femme, qui venait régulièrement à Aisy depuis sa naissance en 1947, m'a parlé pour la première fois de ce village. Bon, quand on est sur le point de se marier, on ne se moque pas de ce que dit sa « future ». Elle en a dit tellement de bien, que nous nous sommes décidés à y passer notre « lune de miel ». Et là, j'ai découvert !

Tout d'abord, il y a la rivière et le canal de Bourgogne, atouts considérables pour le pêcheur que j'étais, et que je suis resté. Certes, dans mon Alsace natale, il y a aussi beaucoup de rivières intéressantes, mais ici on est tellement tranquille au bord de cette rivière, sans personne qui vous demande toutes les 10 minutes si ça mord ! Et puis il y a la forêt. De la belle forêt, avec plein de champignons en saison. Cela aussi était un atout considérable pour le cueilleur que j'étais depuis mon plus jeune âge. Quant aux maisons, elles sont très différentes dc celles que j'avais connues dans mon enfance : toutes construites en pierres locales, quelques maisons à colombages, mais très différentes des nôtres. Bon, tout cela, c'est du paysage direz-vous, mais un autre aspect qui m'a beaucoup séduit, c'est la population. Ce sont de véritables Gaulois dans leur grande diversité : en effet, l'Armançon était toujours un couloir de passage, entre le Sud et le Nord. On y trouve donc des « Gaulois » d'origine, mais aussi des descendants de familles issues du Sud, essentiellement en provenance d'Italie et d'Espagne, qui se sont arrêtés ici un jour et y ont fondé une famille. D'année en année, je suis revenu régulièrement en vacances ici, puis aussi hors vacances, et un jour j'ai fait comme les autres, je m'y suis installé. Puis je me suis intéressé de plus près aux affaires de la commune, et à sa gestion de plus en plus difficile au fil des évolutions des réglementations diverses, et la population m'a élu maire en 2001. Je me suis beaucoup intéressé à l'histoire de ceux de qui je suis devenu compatriote, et j'ai creusé cette histoire avec l'aide de quelques amis qui en connaissaient beaucoup plus que moi, notamment Monsieur BRUANT, hélas décédé depuis quelques années, qui en a fait un livre très complet, malheureusement épuisé. Mais il manquait quelque chose à ce livre : les illustrations étaient certes présentes, mais assez rares. C'est donc avec grand plaisir que j'ai appris que Monsieur VIARDOT voulait illustrer ce passé tellement cher aux Asiacais (habitants d'Aisy), par de nombreuses photos anciennes qu'il possède. Ce sera pour moi le comblement de l'histoire d'Aisy par la pièce manquante à ce jour pour être complète. Je l'en remercie infiniment.

Roland BURGRAF,
Maire d'Aisy-sur-Armançon

Petite poésie

Aisy

Armançon est ta rivière
Icaunais tu les connais
S'il te plaît, laisse-moi faire
Y a pas de lézard, tu le sais

Surpris par tes paysages
Une passerelle dans mes images
Revivre toute une enfance

A travers ton élégance
Résumer tout un village
Manger ton bon fromage
A nous deux cette aventure
Naviguons entre tes murs
Cherchons les chevreuils
Ou les écureuils
N'ayons crainte du dahu !

– *Michaël Viardot* –

Présentation et souvenirs :

Enchanté, je m'appelle Michaël Viardot. Je suis né en 1979 en banlieue parisienne.

J'habite actuellement Dijon où j'exerce le métier de chef d'équipe de sécurité incendie dans un hypermarché.

J'ai eu l'envie de faire ce livre dans le seul but de garder une trace, un souvenir inoubliable qui est ancré dans ma tête. Il n'a pas pour but d'être un best-seller, il n'a pas été écrit dans un but lucratif, mais il a pour objectif, le devoir de mémoire.

Etant philatéliste et collectionneur de cartes postales d'Aisy-sur-Armançon, je me devais de faire un recueil de toutes mes cartes, une centaine à ce jour.

Je fais partie de deux clubs de collectionneurs dijonnais et un club national.

Collectionner les cartes postales prend bien sûr beaucoup de temps et beaucoup d'argent ; certaines cartes sont bien sûr plus chères que d'autres, du fait de leur rareté.

Qu'est-ce qu'une carte rare ? C'est tout simplement une carte que l'on ne trouve pas facilement, c'est une carte animée ou pas. Ce sera rarement la place du village ou son clocher, car c'est souvent ce qui est reproduit sur une carte postale de village. Les prix d'achat vont de 100 € à 150 € pour certaines cartes d'une rareté absolue !

L'état d'une carte ne doit pas forcément être parfait pour ma collection, elle est rarement toute jeune et a souvent circulé ; ce qui fait la beauté d'une carte est son histoire, sa vue, ce qu'elle représente, pour peu qu'il y ait un beau timbre derrière, je suis ravi !

Mes grands-parents étaient M. et Mme Millot, ils habitaient rue des Bergeries, à Aisy.

J'ai encore de la famille qui y habite.

Aisy est pour moi le village de mon enfance, j'étais en effet chez mes grands-parents pour chacune des vacances scolaires.

Etant donné que mon cousin est du même âge que moi à six mois près et que ma cousine a quatre ans de moins, nous nous retrouvions pour occuper nos journées campagnardes.

Notre passe-temps favori était la découverte de la nature environnante et il y a de quoi faire à Aisy !

On passait notre temps dans les bois, à admirer les paysages, les animaux et on analysait les fleurs ou les insectes que l'on ne connaissait pas ! C'est là que j'ai pris un lucane pour un scorpion !

On gambadait dans les chaumes d'Aisy, on allait voir les sangliers dans un parc, on allait jusqu'à la ligne du TGV qu'on voyait parfois passer, en se racontant des histoires de trésors sur le château d'eau (on y a même trouvé, sous la mousse, dans une petite boîte en plastique, des pièces françaises des années cinquante) ! On fabriquait des arcs en bois pour faire un peu comme Rahan !

S'il faisait beau, on allait piquer une tête au déversoir ou à la forge…

Et le fameux Quatorze Juillet d'Aisy ! Ou plutôt, la retraite aux flambeaux.

On était fiers de notre lampion coloré, on suivait le cortège, le long des rues du village, on claquait des pétards tout en ayant peur de ceux des autres !

Ensuite, le feu d'artifice terminait la soirée en beauté, devant nos yeux de gamins, sidérés !

Le lendemain, ou quelques jours après, il y avait la kermesse dans la cour de l'école, où l'on pouvait participer à toutes sortes de jeux.

Quand je n'étais pas avec mes cousins, mon grand-père m'emmenait à la pêche, à la forge la plupart du temps, c'est lui qui m'a tout appris de la pêche :

comment monter une ligne, la différence des hameçons, reconnaissance des poissons, comment décrocher une perche-soleil sans se piquer…

Il m'a également appris à jardiner, j'avais un petit

bout de jardin que je devais gérer moi-même.

Quant à Riquita, c'était le nom de leur chien de garde : une magnifique oie cendrée qui pinçait les fesses des passants s'ils se moquaient d'elle !

Il avait aussi des lapins et des poules : viande et œufs frais à la demande !

Quant à ma grand-mère, couturière connue dans tout Aisy, elle m'apprenait à m'occuper de ses fleurs, tout en préparant de bonnes crêpes sucrées ou salées, tradition bretonne oblige !

Mes passe-temps favoris pendant mes vacances, étaient de jouer aux petites voitures sur le long du mur qui faisait la moitié de la rue des Bergeries, je chantais également à tue-tête et paraît-il que certains m'entendaient jusqu'en bas de la ruelle du village ! Il y avait parfois d'autres enfants en vacances, avec lesquels je m'entendais toujours bien en général !

A cette époque, il n'y avait pas internet, pas de téléphone portable et croyez-moi, on s'occupait autrement et mieux, on apprenait la vie, telle qu'elle est, on disait bonjour aux gens que l'on ne connaissait pas et notre monde n'était pas virtuel, mais bien réel !

A mon avis, beaucoup trop de gens sont focalisés sur leur téléphone portable, tellement qu'ils sont remplis de gadgets, presque tous inutiles, ils ne prennent pas la peine de regarder ce qui les entoure : les êtres humains, les animaux, les paysages naturels…

Mais bon ! Il y en a qui disent qu'il faut vivre avec son temps !

Alors, coupez votre téléphone portable, éteignez votre ordinateur et promenons-nous ensemble, dans ce merveilleux village qu'est Aisy-sur-Armançon.

Les cartes postales que vous trouverez dans cet ouvrage n'ont pas été retouchées afin de garder leur authenticité, il peut donc y avoir des taches de rouille et autres mais ainsi va la vieillesse !

Un peu d'histoire-géo :

Etymologie : nom de domaine gallo-romain en-acum, composé avec un nom de personne non attesté : Asius.

Fief du comté de Tonnerre, relevant de la châtellenie de Cruzy, la voie antique menant de Sens à Alise-Sainte-Reine passait à très peu de distance du village.

Aisy est une petite commune du centre de la France, située dans le département de l'Yonne et de la région Bourgogne. Ce petit village est posé dans les vallées de l'As, au bord de l'Armançon et non loin du Serein. Il est situé au carrefour des pays du Tonnerrois, de l'Auxois, de l'Avalonnais et du Nucérien. A l'heure où j'écris ces lignes, la Bourgogne sera peut-être rattachée à la Franche-Comté… il paraît que c'est pour faire des économies…

Aisy fait partie de la communauté des communes du canton d'Ancy-le-Franc.

Villes voisines : Rougemont, Perrigny-sur-Armançon, Cry, Buffon, Nuits-sur-Armançon.

Nom des habitants : Asiacais.

Superficie : 18 km², 15 habitants au km².

Altitude minimum : 192 mètres, maximum : 346 mètres.

Code postal : 89390

Liste des maires :
de 1900 à 1902 : Alexandre Coquéau
de 1902 à 1904 : Olympe Soupe
de 1905 à 1919 : Alexandre Coquéau
de 1919 à 1925 : Sosthène Tholose
de 1925 à 1933 : Alexandre Coqueau
de 1933 à mai 1944 : Emile Luyt
de mai 1944 à novembre 1944 : Louis Pommier
de 1944 à 1947 : Hector Choureau
de 1947 à mars 1959 : Georges Mounicq
de mars 1959 à mars 1971 : Serge Bonneton
de mars 1971 à mars 1977 : René Fournier
de mars 1977 à mars 1983 : Edmond Chantrier
de mars 1983 à mars 2001 : Marcel Parizot
depuis 2001 : Roland Burgraf

En 1793, il y avait 499 habitants, 408 en 1800, 529 en 1896, 394 en 1931, 432 en 1936, 430 en 1946, 419 en 1954, 383 en 1962, 402 en 1968, 352 en 1975, 308 en 1982, 278 en 1990, 277 en 1999, 264 en 2004, 260 en 2011, 263 en 2014.

Nombre de chevaux en 1914 : 70. Ah les VACHES : personne ne les a comptées !

Spécialité fromagère : l'Aisy cendré.

Célébrités d'Aisy :

Georges-Louis Leclerc de Buffon, dit Buffon : né à Montbard le 07/09/1707. Il effectua de nombreuses expériences à la forge d'Aisy.

Edmé Jean Leclaire : né à Aisy le 14/05/1801, précurseur des lois sociales. Il imagina une forme de participation des ouvriers aux bénéfices de l'entreprise. Il a également remplacé le céruse de plomb par le blanc de zinc, pour éviter la maladie du saturnisme.

Marcel Griaule : né à Aisy le 16/05/1898, ethnologue célèbre pour ses travaux sur les Dogons (peuple malien). Dans les années 20, il a atterri deux fois en avion dans les champs de Rougemont pour retrouver sa fiancée à Aisy. L'amour donne des ailes !

Le monument aux morts de la guerre 14-18 où l'on peut y lire les noms suivants :

Deport Paul
Descaves André
Gourier Alphonse
Gonon Joseph
Gruet Albert
Letort Cyprien
Lhéraud Auguste
Lhéraud Léon
Platrier Camille
Rémond Gabriel
De Rottkay Ernest
Robert Lucien
Schouber Gabriel
Schouber René
Soupé Eugène
Truchot Louis

Yvonnet Emile
Soupé André

D'après le livre Le fantôme de l'Armançon (très rare et que je ne possède malheureusement pas), il y a eu vingt morts d'Aisy lors de la guerre 14/18.

Pour la guerre de 39-45, deux morts d'Aisy sont à déplorer.

Que ce livre leur rende également hommage afin de ne jamais les oublier.

Recto-verso d'une publicité pour l'Hôtel de Bourgogne.

Sa date de construction est de 1840.

Sur une autre carte publicitaire, on peut y lire : cuisine soignée, Grands Crus de Bourgogne, chambre noire pour photos.

De nombreuses personnalités y ont déjeuné, car c'était le point de passage obligé pour se rendre sur Paris… C'est également l'endroit où j'ai bu mon premier panaché* en jouant au babyfoot !

Aujourd'hui, c'est une habitation privée. * L'abus d'alcool est dangereux pour la santé !

L'épicerie centrale, appelée aussi la maison Troisgros. Dans le village, il y a également eu des ambulants de la société Au planteur de Caïffa, qui vendait café, thé, épices…

Cette société est la précurseur du timbre fidélité : une fois le carnet de timbres rempli, la ménagère avait le droit à un petit cadeau !

Quand j'étais gamin, on descendait la rue des

Bergeries avec ma grand-mère pour attendre le Triponet (c'était un camion bleu qui vendait de tout)… Chose amusante : le camion stationnait au même endroit que cette épicerie qui n'existait déjà plus !

La place du village, l'école et la route de Paris.

La route de Paris.

Entrée d'Aisy, en venant de Nuits-sur-Armançon. Aujourd'hui, il s'agit de la départementale D 957.

Sur la droite, un petit buste de Napoléon est présent sur une maison.

L'énigme n'est pas résolue : certains disent qu'il aurait passé une nuit dans cette demeure, d'autres disent qu'il s'agit juste d'une décoration !

Je possède un livre qui relate Napoléon au jour le jour, mais on n'y parle pas d'Aisy, mais d'Avallon : mardi 6 mai 1800 : 19 h 30, arrivée à Avallon. A minuit, l'aide de camp Merlin part pour Dijon avec des ordres. Mercredi 7 mai, Napoléon quitte Avallon pour se rendre à Dijon le 8 mai au matin.

Napoléon est-il passé par Aisy ? Le mystère reste entier…

C'est aussi la route du lavoir d'Aisy qui fut construit de 1825 à 1826 (autorisation accordée par Charles X). Le terrain appartenait au Marquis de la Guiche. En 1887, une canalisation souterraine en fonte a été installée.

Un coin du bourg, en allant sur la route de Rougemont.

La grande maison, sur la gauche, était le Tabac Presse où j'allais chercher mon magazine Pif Gadget et quand j'avais assez d'argent, je prenais deux ou trois bonbons qui étaient dans un pot.

C'était chez la Marie, comme on dit chez nous !

Je me souviens très bien de l'odeur particulière qui était un mélange de tabac et de papier journal.

Quand on ouvrait la porte, une sonnette retentissait et il fallait attendre un certain temps avant qu'on vienne nous servir…

La Grande Rue, côté Est, qui mène vers la gare d'Aisy-sur-Armançon.

Les gens prennent une pause au Café du Soleil.

La rue principale, épicerie moderne.

Billard, vin, liqueurs, boulangerie… on ne perd pas le goût du bien-vivre ! Sur la façade, on peut y lire Forestier, sûrement de la même famille que le propriétaire de l'Hôtel de Bourgogne.

Grande Rue, côté Ouest.

Carte à destination des Etats-Unis, sûrement écrite par un soldat du contingent américain présent à Aisy en 1918. Il est écrit en anglais : J'ai acheté des choses dans ce magasin.

Tricycle vers la gare.
On peut y voir le même homme à tricycle que la carte précédente.

Photo actuelle du même endroit que la carte précédente.

La différence d'âge est de plus d'un siècle, on peut voir que beaucoup de maisons sont encore présentes y compris l'arbre du fond ! Il y en a un qui manque par contre à l'appel :

Il s'agit de l'homme au tricycle, cette fois-ci on ne le voit plus !

Train arrivant en gare.

Train partant dans l'autre sens (côté Montbard).

Derrière la gare.

Photo prise en 2013.

La gare d'Aisy est aujourd'hui fermée.
Dommage qu'il n'y ait plus l'horloge…

La route de Rougemont.

Passage à niveau qui est de nos jours fermé, ce qui n'est pas plus mal, vu le nombre d'accidents que cela a causé !

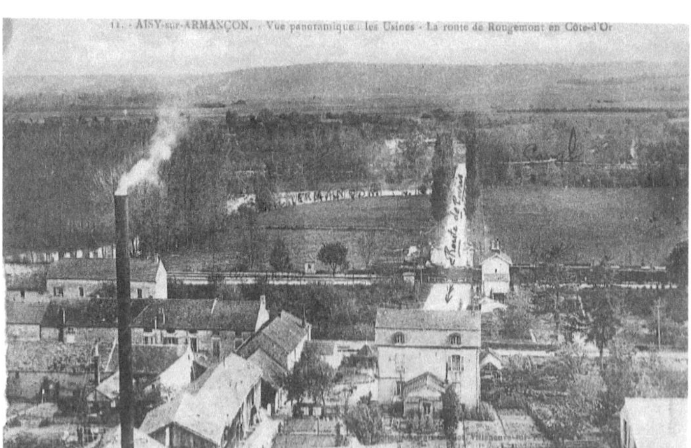

Vue aérienne du même endroit que précédemment.

D'Aisy, cet amical souvenir (1907).

Vue générale.
Avez-vous repéré le clocher ?

En parlant de clocher, parlons « pieux », mais parlons bien !

J'ai été baptisé dans cette paroisse il y a maintenant plus de trente ans…

Je me rappelle que j'y allais tous les dimanches avec ma grand-mère, ce fut le lieu de ma première hostie ! L'église est le lieu des joies et des peines, grand édifice cher à chaque bourgade, même si les curés de village se font de plus en plus rares ! Il n'y en a d'ailleurs plus à Aisy…

L'église paroissiale, qui a pour nom Saint-Germain, daterait du XIII ème siècle, entièrement voûtée. Nef unique, chapelle latérale avec tabernacle du XVI ème siècle.

A l'intérieur s'y trouve une statuette en bois de Sainte Catherine, deux pierres tombales de 1521 et 1527.

861-7-37 AISY-sur-ARMANÇON (Yonne) — L'Eglise

4. AISY sur-ARMANÇON — L'Eglise
POSTES

L'église aujourd'hui, rien n'a changé !

Pas loin de l'église, les laveuses sont à la tâche !
La rivière de l'Armançon est longue de 202 km
avec un débit de 30 m³.

. — L'Armançon et l'Eglise.
d'AISY

La brouette était très utilisée par les femmes de l'époque.

Limite départementale de la Côte-d'Or avec l'Yonne

La borne de délimitation départementale.

On peut y lire : Nationale n° 5, Yonne-Côte-d'Or, Tonnerre : 35 km, Dijon : 91 km.

A l'époque napoléonienne, Aisy était traversée au Nord-Ouest par la route impériale 6, de première classe, qui reliait Paris à Rome via Dijon, Genève et Milan.

Après la chute de l'Empire, c'est devenu la RN 5.

En dessous du pont précédent, l'endroit idéal pour se baigner.
C'est ici que je barbotais pendant les vacances d'été.

Au loin, le pont avec la gare sur la droite et un cheval...

Fini de rigoler, on va parler boulot maintenant !

Voici la Tonnellerie mécanique Muller. Beaucoup d'habitants d'Aisy y ont travaillé.

On y fabriquait, comme son nom l'indique, des tonneaux, baquets et barriques.

En général, on ne disait pas qu'on travaillait à la Tonnellerie, mais à la Forge.

La grande activité de la commune était la sidérurgie (du grec sideros, fer).

L'usine des Forges d'Aisy daterait du 17e siècle. Elle a fermé en 1851.

Ensuite, l'activité de cette usine a été la tonnellerie, populairement appelée « la forge d'Aisy ».

Il y avait une trentaine d'ouvriers.

Le fruit de la fabrication était expédié par le canal ou par le train.

L'usine a fermé en 1952 pour être remplacée par une fabrique de quincaillerie.

Cette usine a fermé également et ce sont les restes de celle-ci que l'on voit aujourd'hui.

Autres sociétés d'Aisy à l'époque :

*La cimenterie Bonnot, installée près du canal sous Rougemont.

*Il y avait aussi une petite carrière, dépendant des carrières d'Ancy-le-Franc.

*Une usine à chaux, située près du n° 3 de la rue de la gare.

*Une deuxième usine à chaux, dite « le four à chaux ».

*Une usine de manches à outils, dirigée par l'ancien maire d'Aisy, M. Coquéau.

*Une usine de montures de scies, entreprise Berthaud, située au milieu du village.

Aisy-sur-Armançon comptait de nombreux agriculteurs, des cantonniers, forestiers, allumeurs de lanternes, marchands de peaux de lapin, ramasseur de mousse, glaneurs, fabricant de charbon de bois…

Le canal de Bourgogne et la Tonnellerie

L'usine vue de la passerelle.

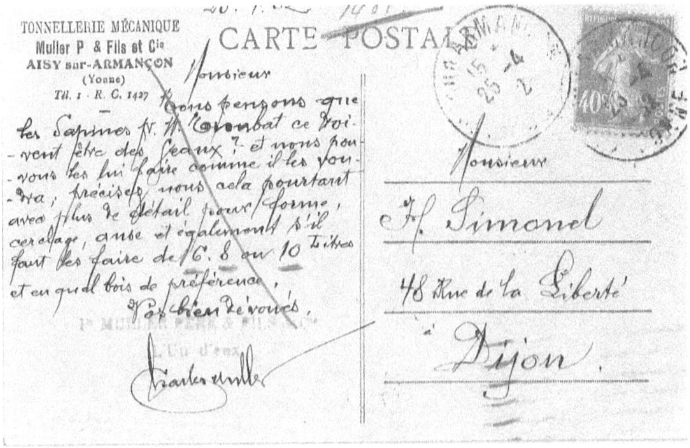

Verso de la carte précédente signée
par l'un des dirigeants de la tonnellerie, M. Muller.

La maison d'habitation.

Charrette traversant le pont de la forge.

La fameuse passerelle de la forge.

Scierie et tonnellerie mécanique Debussy (avant de d'appartenir à la famille Muller).

Carte signée par l'un de la famille Muller.

Un enfant qui prend la pause avant de rejouer au jeu de cerceau.

La passerelle qui mène à la Forge.

TONNELLERIE MÉCANIQUE
AISY sur-ARMANÇON (Yonne)
R. C. Tonnerre 1427
MULLER Père et Fils et Cie
Gare P. L. M. - Téléphone nº 1
C. P. Dijon 226 55
Les Magasins à Cercles

Cavaliers dans l'Armançon.

C'est aussi par là que je pêchais, avec des vers de terre ou des mouches que j'avais chassées le jour même, c'est pour dire qu'elles étaient fraîches !

Ah les vaches !

Entrée d'Aisy, par la route de Chablis.

Même endroit mais vue des Chaumes.

Aisy avait : sa colonie de vacances,

Son équipe de foot, l'Etoile Sportive !

Autre activité pratiquée dans le village : la tonte des moutons.

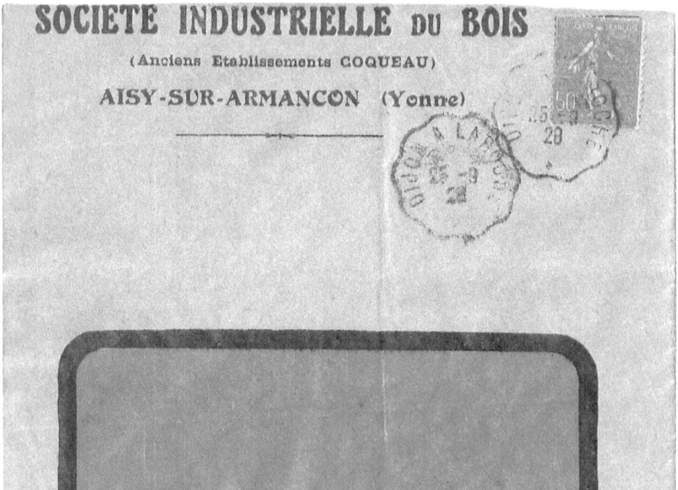

Enveloppe datant de 1928 de la Société Industrielle du Bois (anciennement Etablissements Coquéau).

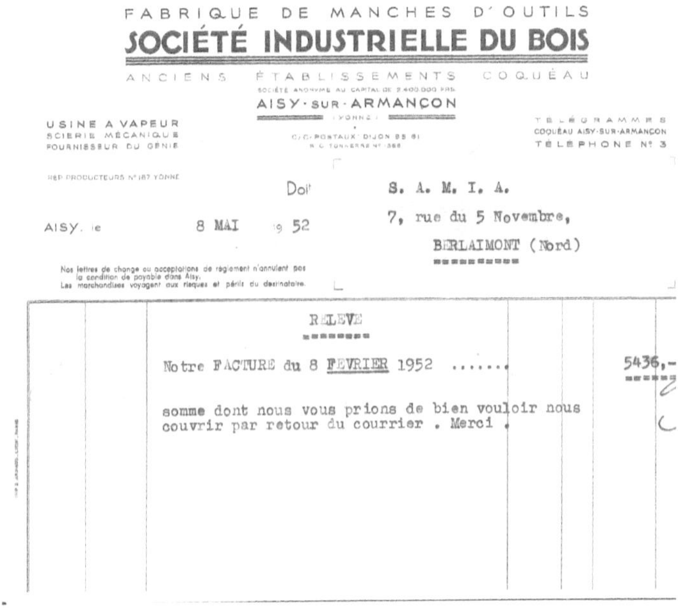

FABRIQUE DE MANCHES D'OUTILS

SOCIÉTÉ INDUSTRIELLE DU BOIS

ANCIENS ÉTABLISSEMENTS COQUÉAU

SOCIÉTÉ ANONYME AU CAPITAL DE 2.400.000 FRS

AISY-SUR-ARMANÇON

(YONNE)

USINE A VAPEUR
SCIERIE MÉCANIQUE
FOURNISSEUR DU GÉNIE

C/C POSTAUX DIJON 85 61
R. C. TONNERRE Nº 388

TÉLÉGRAMMES
COQUÉAU AISY-SUR-ARMANÇON
TÉLÉPHONE Nº 3

REP. PRODUCTEURS Nº 187 YONNE

Doit S. A. M. I. A.
7, rue du 5 Novembre,
BERLAIMONT (Nord)

AISY, le 8 MAI 1952

Nos lettres de change ou acceptations de règlement n'annulent pas la condition de payable dans Aisy.
Les marchandises voyagent aux risques et périls du destinataire.

RELEVE

Notre FACTURE du 8 FEVRIER 1952 5436,-

somme dont nous vous prions de bien vouloir nous couvrir par retour du courrier . Merci .

Facture de la même usine de 1952, à destination du Nord.

L'impressionnant capital (2 400 000 fr) de cette société anonyme était en anciens francs, bien entendu ! Notez que l'usine était fournisseuse du génie !

Le destinataire (société Samia) était une quincaillerie.

Photo de classe d'Aisy de 1932.

Je vous présente mon grand-père, sixième de la rangée haute en partant de la droite. Il avait 6 ans.

Coût de revient de mes cartes postales

Je me suis fait un tableau de calcul de données comportant six colonnes :

année, numéro de la carte, éditeur, thème, observations, prix payé.

L'année est parfois difficile à déterminer, car elle ne figure pas tout le temps sur l'impression de la carte ou sur la correspondance. C'est plus facile à définir si la carte possède un timbre-poste ou une oblitération postale si c'est une carte exempte de timbrage, appelée franchise postale.

Mais par habitude et une certaine connaissance de la collection de cartes, on peut donner une fourchette approximative, qui en général, n'est pas trop loin de la réalité.

Le numéro de la carte est celui qui est parfois imprimé sur le recto ou le verso de la carte, c'est un repère pour l'éditeur et ça va également me servir à repérer mes éventuels doubles, c'est une information complémentaire.

Le nom de l'éditeur est marqué dans mon tableau, lorsqu'il est inscrit sur la carte, sinon, la case est vide.

Le thème est un autre moyen pour s'y retrouver dans mes cartes, j'écris en général la même chose qui est sur la carte et rajoute différents éléments pour les distinguer des autres qui pourraient se ressembler.

Les observations sont aussi complémentaires et j'y rajoute quelques données philatéliques s'il y a une particularité, par exemple : cachet de convoyeur-ligne type C34 (Laroche à Dijon) ou pour une autre carte, on peut y lire : correspondance d'un soldat du 37 ème Régiment d'Infanterie Territoriale.

Et enfin, le prix que j'ai payé pour obtenir la carte (hors frais d'envoi).

Le montant se calcule automatiquement au fur et à mesure et j'en suis actuellement à **453, 86 €** pour une centaine de cartes !

Ce prix à payer est le résultat de nombreuses recherches sur plusieurs années.

On ne peut pas calculer le prix moyen d'une carte d'Aisy-sur-Armançon, qui serait ici de 4, 54 €, ce serait beaucoup trop cher. Il est évident que la carte doit être considérée comme rare, autrement dit non courante pour que son prix soit relativement élevé.

Une vue d'église possède en général un important tirage, tout comme la place du village.

Aisy étant une petite commune avec peu d'habitants, les cartes sont déjà considérées comme rares, on pourra donc négocier une carte à partir de 50 cents, pour finir aux alentours d'une centaine d'euros s'il s'agit, par exemple, de la tonte des moutons, du club de foot d'Aisy ou le départ pour le travail de M. Schouber et ses fils, sur la place du village.

Pour autant, on peut trouver des cartes d'une grande valeur qui ne sont pas vendues si cher, ce qui fait le plus grand bonheur des collectionneurs !

Quand on n'a pas d'idée de prix, on se fie à notre attachement sentimental pour telle ou telle carte.

Internet et en particulier les sites spécialisés de collection, est un bon indicateur pour coter une carte. Si l'on voit au moins trois cartes que l'on souhaiterait vendre, il ne faudra pas s'attendre à en tirer un grand profit !

Un vrai collectionneur ne doit pas faire de la spéculation des biens qu'il achète, sinon il va vite se retrouver ruiner (de nos jours, le marché est plutôt en baisse), il faut qu'il parte à la recherche des trésors tout en se faisant plaisir. Comme cela demande tout de même un certain investissement, il ne faut pas hésiter à vendre ses éventuels doubles pour se permettre d'en racheter d'autres, c'est le circuit traditionnel de tout collectionneur !

Mais le but d'une collection, ce n'est pas le prix ou la valeur qui comptent, c'est son âme !

Remerciements

Tout d'abord, c'est vous que je remercie, d'avoir acheté ce livre et partagé, je l'espère, un bon moment de souvenirs avec moi. Peut-être que certains se sont reconnus ou pensent avoir reconnu quelqu'un ! Je suis ravi de contribuer à l'histoire d'un village qui me tient à cœur.

On ne pourra plus dire qu'il n'y a pas de livre sur ce charmant village !

Comme l'a dit Monsieur le Maire en préface, restez des Gaulois dans votre grande diversité et au plaisir de vous revoir pour ceux qui se souviennent de moi !

Si vous voulez me contacter pour me proposer d'éventuelles cartes postales ou autres d'Aisy que je n'aurais pas, voici mon adresse de courrier électronique : michael. viardot@bbox. fr.

Je remercie tous celles et ceux qui ont contribué à ce livre :

Monsieur le Maire de la commune d'Aisy-sur-Armançon : Roland Burgraf, pour avoir rédigé la préface et fourni des documents exceptionnels ;

ma famille, d'Aisy-sur-Armançon, de Chenôve et de Dijon pour leurs anecdotes et leur contribution ;

Mme Denise Plantarose, qui a retrouvé mon grand-père sur une photo !

Les Editions Edilivre qui font un travail remarquable tout en étant sympathiques ;

Les éditions diverses de cartes postales et enfin mon imprimante et ordinateur qui m'ont bien aidé, sans oublier mon appareil photo !

Roman à lire que l'on trouve encore aujourd'hui et qui parle d'Aisy et de ses environs : Le Buisson aux loups, de Robert Perreau.

Magazine « En Cryanais », n °44, où un bel article est consacré sur l'évolution des emplois à Aisy, en particulier, la sidérurgie, de M. Burgraf.

Bibliographie :

Crédit : Wikipedia : contenu soumis à la licence CC-BY-SA 3. 0 (http://creativecommons.org/licenses/by-sa/3.0/deed.fr) Source : Article *Aisy-sur-Armançon* de Wikipédia en français (http://fr.wikipedia.org/wiki/Aisy-sur-Arman%C3%A7on).

Consultation du livre très rare et épuisé : En survolant Aisy au 20ème siècle, écrit par Monsieur Bruand.

Napoléon au jour le jour, J. Tulard, L. Garros, Tallandier.

Guide Yonne ville et villages de France, Deslogis, Lacoste.

Site internet : www. gralon. net.

Magazine « En Cryanais », n°44.

Citations du monde entier, Le Robert.

Table des matières

Cet ouvrage a été composé par Edilivre

175, boulevard Anatole France – 93200 Saint-Denis
Tél. : 01 41 62 14 40 – Fax : 01 41 62 14 50
Mail : client@edilivre.com

www.edilivre.com

Tous nos livres sont imprimés
dans les règles environnementales les plus strictes

ISBN papier : 978-2-332-81781-5
ISBN pdf : 978-2-332-81782-2
ISBN epub : 978-2-332-81780-8
Dépôt légal : janvier 2015

Imprimé en France, 2015

www.ingramcontent.com/pod-product-compliance
Lightning Source LLC
Chambersburg PA
CBHW070653041126
54327CB00009B/481
9782332817815